AF322173

OBSERVATIONS

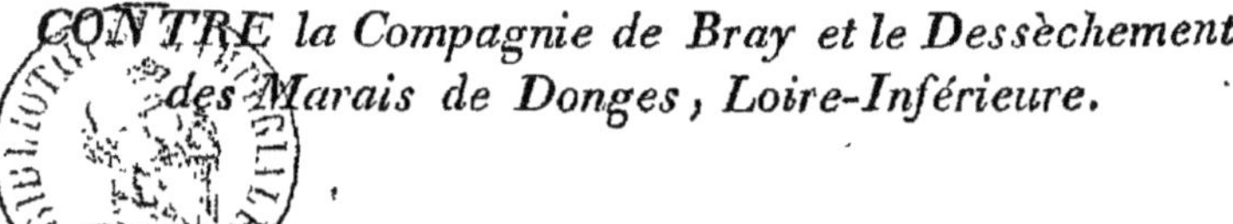

CONTRE la Compagnie de Bray et le Dessèchement
des Marais de Donges, Loire-Inférieure.

Situation de la
Compagnie.

Lᴀ Compagnie de Bray se livre avec zèle aux opérations du
dessèchement dont elle a l'entreprise.

Elle suit sans obstacle, et sous la surveillance des agens du
Gouvernement, l'exécution de l'ordonnance du Roi.

Les habitans se présentent en foule sur ses ateliers, et y
trouvent des occupations lucratives.

Elle traite sans difficulté avec les propriétaires dont les
terrains se trouvent compris dans le systême de travaux qui
lui sont prescrits.

Tous les hommes censés et exempts de passion applaudissent
à sa persévérance, et ses succes ont réveillé des ambitions jalouses, dont le *Censeur européen* s'est établi le défenseur.

Attaque dirigée
contre elle.

Les faits les plus authentiques, les principes les plus incontestables, les droits les plus sacrés s'anéantissent sous la plume
du journaliste.

Il nie l'existence de la Compagnie de Bray; quoiqu'il l'attaque,

OBSERVATIONS

Sur un Article inséré dans le N°. 68 du *Censeur européen*,

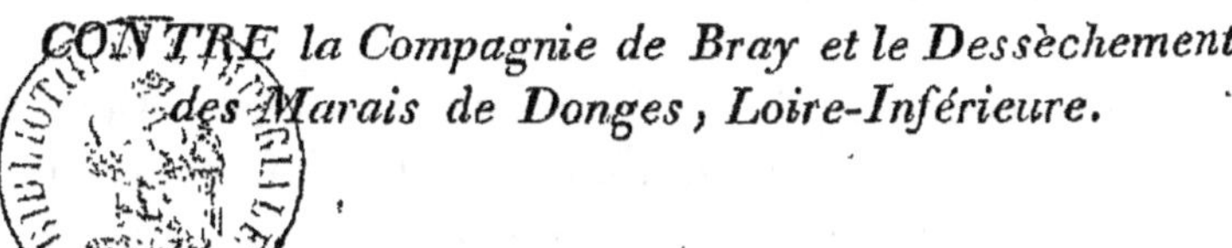

CONTRE la Compagnie de Bray et le Dessèchement des Marais de Donges, Loire-Inférieure.

La Compagnie de Bray se livre avec zèle aux opérations du dessèchement dont elle a l'entreprise.

Elle suit sans obstacle, et sous la surveillance des agens du Gouvernement, l'exécution de l'ordonnance du Roi.

Les habitans se présentent en foule sur ses ateliers, et y trouvent des occupations lucratives.

Elle traite sans difficulté avec les propriétaires dont les terrains se trouvent compris dans le systême de travaux qui lui sont prescrits.

Tous les hommes censés et exempts de passion applaudissent à sa persévérance, et ses succes ont réveillé des ambitions jalouses, dont le *Censeur européen* s'est établi le défenseur.

Les faits les plus authentiques, les principes les plus incontestables, les droits les plus sacrés s'anéantissent sous la plume du journaliste.

Il nie l'existence de la Compagnie de Bray, quoiqu'il l'attaque,

C

quoiqu'elle agisse, et que, depuis quarante ans, elle ait été constamment reconnue.

Il nie qu'elle soit afféagiste des marais de Donges, quoique ce titre, irrévocablement établi par un arrêt de 1779, ne lui ait point encore été contesté, quoiqu'en vertu du même titre, elle ait paisiblement achevé, depuis plus de douze ans, le dessèchement du marais de la Roche, qui faisait partie du même afféagement.

Les communes ont librement traité avec la Compagnie en 1776. L'enquête publique qui fut faite alors conserve le texte ou les bases de ces transactions qui sont visées et approuvées dans l'arrêt de 1779. Néanmoins, le journaliste, pour émouvoir la multitude, s'écrie qu'on dépouille les communes sans les entendre.

Jamais la Compagnie n'a troublé l'exploitation de la tourbière, dont les riverains jouissent en commun.

Cette tourbière est clairement exceptée de la concession; elle est distinguée dans tous les titres par la dénomination topique de Brière. Elle forme l'extrémité occidentale des marais.

Elle en est séparée, en grande partie, par un canal artificiel d'une très-ancienne construction; mais le journaliste trouve plus commode de placer ce dépôt tourbeux au milieu des marais qu'il suppose d'une nature homogène, et qu'il dit être une source de richesse et de prospérité pour la population environnante, dont ils assurent la subsistance et la santé.

De sorte qu'après avoir établi que la tourbière s'entretient par l'humidité des marais, il conclut qu'elle doit s'altérer et être détruite par leur dessèchement.

Contre le
Gouvernement.

Toutefois, ces assertions ridicules et erronées ne suffisent point à sa cause; et il attaque le caractère des juges, pour affaiblir l'autorité des choses jugées.

Cet accord d'avis et de décisions des ingénieurs de la province et des ingénieurs du Roi, des subdélégués et des Sous-préfets, des Préfets et des Intendans, de tous les commissaires envoyés sur les lieux, de tous les chefs de service des ponts et chaussées, de tous les Conseils d'état, de tous les Ministres, en 1779, en 1812, en 1817; cette unanimité qui, pendant un demi-siècle, ne s'est point démentie, dont le poids est si fort, si respectable, si favorable à la Compagnie de Bray, doit, suivant le journaliste, se réduire à la simple opinion de l'ingénieur ordinaire, qui se trouve maintenant employé dans le département.

Cet ingénieur, le préfet qui donne à l'entreprise les encouragemens, et l'appui d'un administrateur éclairé; le ministre dont les soins vigilans ne laissent rien échapper de ce qui intéresse la prospérité du royaume, sont, aux yeux du *Censeur*, les complices d'une subreption dont il va chercher l'auteur jusques chez les morts, sans respect pour le malheur et la paix des tombeaux.

Comment donc pouvait-il ignorer que, sous aucun régime, les conseillers d'état n'ont eu l'initiative de ces sortes d'affaires; que la C^e. de Bray ayant terminé son opposition, le dessèchement du marais de la Roche, antérieurement à la loi de 1807, ce ne fut que pour se conformer aux dispositions de cette loi, qu'elle sollicita le réglement nécessaire à la suite de son entreprise; que cette demande provoqua de nouvelles informations; que MM: les directeurs des ponts et chaussées furent chargés de faire vérifier le plan de la concession, levé authentiquement en 1775; qu'ils donnèrent leurs avis; que le ministre de l'intérieur fit son rapport au Conseil; que celui de M. Regnault de St.-Jean-d'Angely ne fit que résumer ces informations, ces avis, tous les rapports antécédens, dont plusieurs ont été imprimés, et que son projet de réglement, quoiqu'adopté, sauf rédaction, en 1813, n'a point empêché que l'affaire ne fût reprise dès son principe, et rapportée de nouveau en 1817 ?

Eh ! pourquoi tant de déclamations injurieuses ? pourquoi reproduire des moyens usés depuis long-temps, si l'arrêt de 1779, qui fait aujourd'hui le titre fondamental de la Compagnie, et qui supplée valablement à tous les autres; si, disons-nous, cet arrêt est annullé par un arrêt subséquent de 1784?

Dans le raisonnement que le journaliste fait à ce sujet, il ne se montre ni plus exact ni de meilleure foi que dans l'exposition des faits, et nous sommes forcés de les rectifier.

M. de Bray afféagea en 1771, du vicomte de Donges, tous les marais enclavés dans sa seigneurie : les seuls dont il put disposer étaient ceux de la Roche, de Donges, de Pontchâteau, etc.... La tourbière, qui en est une prolongation vers le couchant, avait été concédée aux habitans, en 1461, par le duc François second.

L'afféagiste demanda aussitôt l'autorisation d'opérer le dessèchement de ces marais, qui forment une étendue considérable de la Loire à la Vilaine.

Les avantages et la nécessité de cette opération avaient été reconnus depuis long-temps : cependant, avant de prononcer, le gouvernement commit des ingénieurs pour lever le plan de l'afféagement, et en déterminer les limites.

Il prescrivit en même temps une enquête administrative, qui s'est faite sur les lieux, de concert avec les gens de l'art, et a duré deux ans.

L'utilité et la possibilité du dessèchement furent constatées par cette enquête, à laquelle les communes et les particuliers furent plusieurs fois appelés, et qui recueillit toutes les prétentions des riverains.

Les seigneurs ressortissans de la vicomté de Donges se prétendaient inféodés des parties de marais renfermées dans leurs seigneuries respectives.

(5)

Les communes soutenaient qu'elles avaient légalement ac-
is le droit indéterminé d'usage.

Enfin, plusieurs particuliers représentèrent qu'eux ou leurs
teurs avaient afféagé du même vicomte différentes portions
'ils exploitaient privativement, et dont ils étaient proprié-
res.

Ces afféagistes possédaient au même titre que M. de Bray;
urs droits étaient incontestables.

Il était facile de renverser les prétentions des seigneurs, et
forcer les communes au cantonnement : M. de Bray pré-
a transiger.

Ces transactions furent approuvées par le gouvernement;
es devinrent la loi générale des communes, par l'arrêt de
79, qui reconnut la validité de l'afféagement, et autorisa le
frichement, aux conditions stipulées dans les traités.

Les marais Gardis furent formellement exceptés de la con-
ssion, ainsi que la tourbière, dont cependant l'usage ou la
opriété n'étaient point stipulés dans l'arrêt.

Ce silence inspira de justes alarmes, et quelques communes
mandèrent à être maintenues dans les droits que leur avait
cordés François second ; ce qu'elles obtinrent par un arrêt
13 janvier 1784, qui n'a pas d'autre objet, et n'emploie
s d'autres expressions que les lettres-patentes du duc, dont
confirme les dispositions.

C'est ce dernier arrêt qu'objecte le *Censeur*. Il répète à sa
nière les raisonnemens qu'on avait déjà lus dans un mé-
oire publié à Rennes, sans nom d'auteur et sans date.
Le journaliste et ses cliens prétendent donc que l'arrêt de
84, qui maintient les communes dans la propriété de la
urbière, annulle celui de 1779, qui concède le dessèche-
nt des marais à la Compganie de Bray. Ce titre étant anéanti,
en résulte que l'ordonnance du 2 juillet 1817 n'est plus.

ün réglement d'administration, mais un acte de concessi
que la Compagnie n'a pu obtenir que par la dissimula
frauduleuse de l'arrêt de 1784. Cet acte est donc subrep
et radicalement nul.

Vice de ce rai-
sonnement.

Ce raisonnement pourrait être rétorqué contre ses auteu
car, si l'ordonnance du 2 juillet 1817 est nulle et subrep
parce qu'elle ne vise pas l'arrêt de 1784, auquel on sup
qu'elle est contraire, cet arrêt est également frauduleux
frappé de la même nullité, puisqu'il ne fait aucune men
de celui de 1779, qu'on prétend qu'il annulle.

Il est à remarquer que cet arrêt de 1779 ne se borne
à la concession et à l'autorisation du dessèchement : il rel
il approuve les traités passés entre l'afféagiste et les commu
usagères. Or, comment imaginer que des traités qu'il n'é
même plus au pouvoir du gouvernement d'anéantir, se tro
vent tout à coup annullés sans le consentement des parti
sans qu'aucune d'elles en ait fait la demande, et par un a
qui n'est relatif ni à la concession, ni à l'afféagement, r
l'autorisation de dessèchement, et qui n'en dit pas un m

Les opposans
appliquent aux
marais l'arrêt de
1784.

Cette annullation, disent les antagonistes, quoiqu'elle ne s
point expresse, devient une conséquence de l'arrêt de 17
*Il garde, maintient et confirme tout le peuple commun des p
roisses voisines de la brière dans la propriété, possession
jouissance commune et publique de ladite brière, mottière
terrains contenant des tourbes et mottes à brûler, situés entre
lesdites paroisses.*

Les marais afféagés, et dont le dessèchement a été concéd
M. de Bray, contiennent de la tourbe ; ils sont situés entre
dans lesdites paroisses : le peuple commun est donc, par l'ar
de 1784, gardé, maintenu, confirmé dans la propriété et joui

ance de ces marais. L'afféagement de 1771 , les transactions
le 1776, l'autorisation de dessèchement, l'arrêt, enfin, de 1779
ont donc réduits au néant par cette confirmation.

Telle est en effet la situation des marais , et on ne nie point
qu'ils ne puissent présenter épars quelques dépôts de nature
tourbeuse. Est-ce donc une raison pour les confondre avec la
tourbière ? Contiennent-ils pour cela des mottes à brûler ?

Le Censeur, qui copie les mémoires, auxquels il tâche de don‑
ner quelque célébrité, nous apprend le contraire.

« Les marais tourbeux qui environnent la BRIÈRE ne sont
guères moins intéressans que la tourbière elle-même , qui
n'offre à sa surface aucun végétal. Ils entretiennent dans la
BRIÈRE l'humidité nécessaire à la reproduction de la tourbe;
de plus, ils sont par eux-mêmes d'un produit considérable :
ils fournissent aux habitans, en gros herbages, en joncs, en
roseaux, de quoi couvrir leurs habitations et nourrir des
bestiaux nombreux. »

Voilà donc , sans nous arrêter aux erreurs que renferme ce
passage , la tourbière désignée par sa dénomination distinctive,
et par la différence des produits , clairement séparée des ma‑
rais.

Le journaliste et ses cliens peuvent-ils donc, sans contradic‑
tion ou sans mauvaise foi, soutenir ensuite que la brière et les
marais sont une même chose, une chose de même nature , et
qu'un acte qui maintient les communes dans la propriété de la
tourbière-mottière, c'est-à-dire, du terrain qui contient des mottes
à brûler, doit s'étendre au terrain marécageux qui produit du
jonc et des *roseaux*.

Eh ! comment l'arrêt de 1784 aurait-il pu *maintenir* et con‑
fir*mer* les habitans dans la propriété et possession des marais ?

Avaient - ils jamais eu cette possession et cette propriété ?
Avaient-ils jamais prétendu l'avoir ? Qu'ont-ils opposé dans l'en-

quête? Un simple droit d'usage , le seul dont ils pussent jot
selon les coutumes : droit stérile, borné aux joncs et aux rosea
des parties accessibles pendant les chaleurs de l'été; droit co
testable avant les traités, qui n'existe réellement que par eux
par eux se convertit en un droit incomparablement pl
avantageux, celui de propriété sur le tiers du dessèchement.

Elles étaient propriétaires de la brière.

Il n'en était pas ainsi de la brière ; les communes en avai
la possession et la propriété depuis plus de trois siècles, en vei
des lettres-patentes du 8 août 1461.

Plusieurs actes de nos rois , depuis la réunion de la Bretag
à la France, avaient , comme l'arrêt de 1784, maintenu et co
firmé les habitans dans la jouissance du bienfait du dernier
leurs ducs. Ces lettres-patentes furent invoquées dans l'enquê
Tous ceux qui avaient intérêt à les produire et à les faire vale
furent appelés et entendus. Elles sont cent fois citées dans
mémoires imprimés contre l'entreprise du dessèchement, pe
dant les cinq années qui précédèrent l'arrêt de 1779. De
vient que la tourbière fut exceptée de l'afféagement lors e
traités passés avec les communes, et de la concession, lorsq
le gouvernement l'accorda.

L'arrêt de 1779 et celui de 1784 n'ont point le même objet.

Les lettres-patentes de 1461 ne concernent donc que
brière ; jamais les communes ne s'en sont appuyées pour p
tendre des droits sur les marais , qui en sont distincts, ni l
des afféagemens particls, qui forment aujourd'hui les *mar*
Gardis , ni lors de l'afféagement général fait à la Compag
de Bray. L'arrêt de 1779, qui reconnaît cet afféagement,
donne la concession du dessèchement, n'abrogeait donc en r
ces lettres-patentes, et n'est point abrogé par l'arrêt de 178
qui n'est point un nouveau titre, mais confirme seulem
celui qu'avaient les communes depuis 1461.

Toutes ces misérables arguties se seraient évanouies aux yeux du public, comme aux yeux des juges de l'affaire, si les antago-nistes avaient joint à l'arrêt de 1784 la requête des impétrans.

Elle fait connaître les motifs, la nature et l'étendue de la demande ; elle doit par conséquent servir à interpréter et à limiter les termes de l'acte qui y fait droit.

Les quatre communes qui se pourvurent seules, à cette époque, devant le Conseil d'état du Roi, et qui sont dénom-mées dans l'arrêt, ont-elles demandé l'annullation de celui de 1779 ? Ont-elles dit que la Compagnie de Bray les dépouillait ? Ont-elles réclamé la propriété des marais ? Ont-elles cru leurs droits blessés par la concession du dessèche-ment ? . . . . .

Voici comment elles s'expriment :

« Les droits du public et des supplians sur la *brière*
» N'ONT JUSQU'ICI REÇU AUCUNE ATTEINTE ; mais pour prévenir
» celles que des esprits turbulens pourraient y apporter, les
» supplians ont recours à l'autorité de VOTRE MAJESTÉ : ils
» concluent à ce que le peuple et commun des paroisses
» voisines de la *brière* soient maintenus dans la possession
» et propriété de ladite *brière*. . . . . »

Si, cinq ans après l'arrêt de 1779, lorsqu'il recevait son exécution, lorsque les travaux de dessèchement étaient com-mencés, les communes ne demandaient que d'être maintenues dans la propriété de la brière, et déclaraient que leurs droits n'avaient encore reçu aucune atteinte, comment peut-on leur faire dire aujourd'hui que cet arrêt et la continuation des mêmes travaux sont attentatoires aux mêmes droits ?

Il y a plus : en 1784, les communes suivaient au tribunal de Nantes un procès qu'elles avaient injustement intenté à la Compagnie de Bray. L'arrêt, dont on s'appuie maintenant, est

du 13 janvier, et, huit mois plus tard, par sentence présidial
d'août 1784, les communes furent déboutées de leur demande
condamnées aux dépens, et contraintes d'exécuter les traité
homologués par l'arrêt du Conseil, de 1779.

Auraient-elles subi cette condamnation; leurs avocats, ou
à leur défaut, l'avocat du Roi, n'auraient-ils pas fait valoir l'arrê
du 13 janvier 1784, si véritablement il avait eu pour obje
les marais, leur afféagement, la concession ou l'entrepris
de leur dessèchement ?

Distinction des marais et de la tourbière.   Il est donc incontestable que la BRIÈRE DE MONTOIRE, que cett
tourbière, exploitée depuis plusieurs siècles, où *les marque*
de la possession publique sont empreintes sur le terrain même (1)
n'a jamais été confondue avec LES MARAIS DE DONGES, qu
n'offrent point ces marques et ces empreintes d'une ancienn
exploitation.

Et ce n'est pas seulement par ces empreintes, et des déno
minations particulières, qu'ils sont perpétuellement distingués
tant dans les vieux titres que dans l'usage actuel, mais encor
par leur position topographique, la différence de leurs produit
et de leur condition domaniale.

La brière, ainsi que nous l'avons déja remarqué, n'est poin
environnée des marais, comme le disent le journaliste et le
auteurs des mémoires; elle en forme l'extrémité; elle en es
séparée par l'étier de Méan. L'une gît sur la rive droite de ce
étier, vers occident; elle est débornée dans tous les plans, e
contient 7,293 arpens, suivant l'estimable auteur du *Code des*
dessèchemens. Les autres gissent sur la rive droite de l'étier,
vers l'orient, et contiennent 10,000 arpens, y compris les af-

____

(1) Ce sont les expressions qu'emploient les communes dans leur requête de 1784 pour spécifier l'objet de leur demande.

féagemens partiels exceptés de la concession , sous le nom de *marais Gardis*.

La brière, suivant les opposans mêmes, est couverte d'un sable noir, et n'offre à sa surface aucun végétal. Les marais produisent dans les parties les moins submergées, des plantes aquatiques, des joncs et des roseaux.

Ceux-ci formaient une propriété seigneuriale, sur laquelle les communes n'avaient tout au plus qu'un droit d'usage qu'on pouvait faire cesser. La brière était une propriété communale, sur laquelle les seigneurs et le domaine royal n'avaient aucun droit, et qu'ils ne pouvaient interrompre.

Il est donc incontestable que les actes qui fondent ou confirment les communes dans la possession et propriété de la brière de Montoire, n'ont aucune connexité, aucune analogie avec les actes qui concèdent à la Compagnie de Bray le desséchement des marais de Donges, ou confirment cette concession.

Distinction des actes qui les concernent.

Les lettres-patentes de 1461, l'arrêt du grand-conseil de 1754, celui de la grand'chambre du parlement de Paris, de 1756, celui du Conseil d'état, de 1784, tous les arrêts antérieurs qui maintiennent le don du duc François second, ne forment donc point des titres nouveaux et séparés, mais un seul et même titre allégué, connu, lorsque le Roi rendit, en faveur de la Compagnie de Bray, l'arrêt de 1779, et ils n'ont aucun rapport avec ce dernier arrêt, ni dans les termes, ni dans l'objet, ni dans les droits qu'ils établissent.

Les droits de la Compagnie de Bray sont donc constans, inattaquables, comme le titre sacré dont ils dérivent, comme l'ordonnance de 1817, qui en est une suite et forme le réglement exigé par la loi.

Ainsi tombent, avec le faux principe dont on les appuyait, les conséquences accusatrices dont on croyait accabler à la fois le ministre, le Conseil d'état, le préfet, les ingénieurs et la Compagnie de Bray.

Autres moyens des opposans.

Ce que les grandes entreprises ont à craindre, ce ne sont pas les attaques mercenaires d'un journaliste qui s'érige en censeur universel, ne respecte aucune autorité, et mord, en courant, tout ce qu'il rencontre ; mais les subtilités de cet infatigable esprit de chicane, qui s'attache à toutes les choses utiles, pour les ruiner et s'en approprier les fruits.

Les hommes dont le *Censeur* embrasse la cause, et qui n'ont pas une mission plus légale que la sienne, ces hommes ne négligeront rien pour harceler la Compagnie et la distraire de ses travaux.

Ils accuseront aussi eux, les administrateurs de tous les rangs, pour se faire craindre, et ravir à la Compagnie la juste protection qu'elle reçoit et qui lui est due.

Ils attaqueront les réglemens émanés du trône, pour forcer la Compagnie d'entrer en lice, comme s'il lui appartenait de défendre l'œuvre de la sagesse royale.

On les verra même abuser du caractère public dont quelques-uns d'eux sont revêtus, pour donner de l'importance à des actes illégaux et répréhensibles ; ils signeront des certificats ; ils rédigeront, comme fonctionnaires publics, des actes de notoriété que personne n'autorise, que personne ne demande, et qui ne sont appropriés qu'aux vues de leur ambition particulière : monumens de l'ignorance et de la mauvaise foi, qui blessent le bon ordre autant que le bon sens et les principes de l'administration (1).

---

(1) On lit, à la suite d'un mémoire imprimé à Rennes, un prétendu acte de notoriété, rapporté, de leur propre mouvement, par des maires et des juges de paix réunis de deux ou trois cantons.

Il ne nous appartient point de rechercher jusqu'à quel point de pareilles,

(13)

Ils reproduiront jusqu'à satiété les pièces qui ont déjà été pro-
duites, et les absurdités cent fois répétées dans ces longs débats,
que l'arrêt du Conseil de 1779 a jugés, et qu'il doit avoir termi-
nés pour toujours.

Ainsi, vous les entendrez dire que M. de Bray n'était point afféagiste, ou n'avait qu'une promesse d'afféagement ; que les
communes étaient propriétaires des marais ; qu'elles n'ont jamais traité avec M. de Bray, quoique l'arrêt de 1779 établisse le

---

réunions peuvent être illégales, et quels désordres politiques il pourrait en
résulter, si elles étaient tolérées, si des agens de l'administration s'instituaient
les représentans immédiats des communes, pour délibérer en assemblée sur
ce qui leur convient ou ne leur convient pas privativement, et convertir en
moyens d'opposition le caractère et l'autorité qui ne devraient être employés
qu'à seconder les projets du Gouvernement qui les nomme, les salarie et les
institue pour cette seule fin.

Mais quelle foi peut-on accorder à un acte où l'on assure que les marais
contiennent *une substance sulfureuse*, *une espèce de manne végétative*, qui fournit
de gros *herbages*, tels que *ros* et *roseaux*, dont on a tiré plus de *vingt mille charretées*; *ressource précieuse* pour plus de 30,000 *familles*, *riches productions* qui
servent de fourrage à de *nombreux bestiaux* ?

Comment des administrateurs aussi sages et aussi éclairés n'ont-ils pas
perçu qu'il n'appartenait qu'à un journaliste de pouvoir dire que des joncs
et des roseaux sont de riches productions propres à nourrir de nombreux
bestiaux ?

Comment n'ont-ils pas vu qu'il était inutile de recourir aux prodiges d'une
substance sulfureuse et d'une manne végétative, pour obtenir deux ou trois
charretées de joncs et de roseaux d'un hectare de marais, et que ce chétif
produit, distribué entre trente mille familles, ne peut être une ressource précieuse pour chacune d'elles ?

Comment n'ont-ils pas vu que trente mille familles d'agriculteurs don-
naient une population de cent cinquante mille ames, et qu'ils entassaient
ainsi le double environ de la population de tout l'arrondissement de Savenay, sur un espace qui ne fait pas le dixième de son étendue ?

Après des assertions si peu vraisemblables et si susceptibles de critique,
comment veulent-ils qu'on les croie, quand ils certifient que ces marais ne

contraire d'une manière authentique et incóntestable. A chaq
instant vous les trouverez en contradiction avec eux-mêmes.

Ils nient que les communes aient jamais traité avec la Co
pagnie de Bray; et ils présentent je ne sais quelles pièces qu

---

sont nullement dangereux, sous le rapport de la salubrité; qu'ils ont la d
ble propriété, qu'on n'avait encore observée nulle part, de fournir
manne végétative, et de ne produire aucun de ces gaz délétères qui se mêl
ordinairement à l'air vital, et en detruisent l'action.

Quand ils certifient que le dessèchement des marais ne sera d'aucun av:
tage, et que vingt mille charretées de roseaux qui ne peuvent servir q
rendre les incendies plus fréqueus et plus inexpugnables, en chargeant
habitations de toitures éminemment combustibles, sont des productions p
riches et plus précieuses que celles qu'on pourrait obtenir de cinq à six m
hectares cultivés; quand ils certifient que le dessèchement des marais c
restreindre l'exploitation de la tourbière, et la dessécher, quoique le c
traire soit reconnu et démontré depuis quarante ans.

Nous opposerons à eette dernière opinion deux témoignages irrécusabl
celui de M. Chaillon, avocat, dont on exhume aujourd'hui les mémoir
et le rapport de M. Beaussier, ingénieur des mines, envoyé sur la tourb:
en 1812.

M. Chaillon, l'un des plus terribles opposans du siècle dernier, finit
adhérer au traité du 6 décembre 1776, avec M. le comte de Treflau; ils
sent dans cet acte d'adhésion motivée :

« Il serait ridicule de penser que le dessèchement de la partie ori
» tale des marais occasionnera le dessèchement de la partie occident
» qui forme la brière. Ces deux parties sont séparées par l'étier de M
» qui les traverse dans presque toute leur largeur du midi au nord. Si
» étier, qui est large de 150 pieds, et profond de 15 à 20 pieds dans
» moitié de son cours, est insuffisant, de l'aveu de toutes les parties, p
» opérer le dessèchement de la brière, comment des canaux de cinq à
» pieds de profondeur pourront-ils l'opérer, s'ils sont pratiqués dan
» partie opposée, et s'ils viennent tomber dans un étier infiniment p
» profond ?

» On ne connaît point la profondeur de ce dépôt tourbeux,
» M. Beaussier, dans son rapport du 27 juillet 1812; les outils les p
» profonds enfoncent sans rencontrer d'obstacles. Cependant on n'expl

sent être des protestations contre les traités souscrits. Pour
ur donner plus de poids et en imposer davantage, ce sont des
ameaux qu'ils citent à la place des communes, et souvent de
mples métairies à la place des hameaux.

Ils nient que la Compagnie ait fait aucun essai de dessèche-
ent, pour prouver qu'elle n'a point donné suite à son projet ;
uis, pour prouver que son projet est inexécutable, ils citent
s dessèchemens qu'elle avaient opérés dans la partie de Saint-
ildas, qui sont redevenus marais, faute d'entretien et de conti-
uation.

Ils demandent pourquoi la Compagnie, qui, selon eux, de-
ait avoir terminé le dessèchement en 1785, n'a fait aucuns
avaux depuis 1784, et ils feignent d'ignorer qu'en 1812 le gou-
ernement fit procéder à une enquête, et reçut un acte de no-
riété que plusieurs d'entr'eux ont peut être signé, duquel il
ésulte que les travaux de la Compagnie furent interrompus
ar la violence.

Ils disent que le dessèchement entrepris ne présente aucun

---

qu'à quatre décimètres de profondeur, dans la crainte de ruiner le
terrain et d'en faire un marecage perpétuel........ On sentira donc
bientôt la nécessité d'exploiter cette tourbière à une plus grande profondeur ; et, pour cela faire, il conviendra de travailler d'avance à un
système d'écoulement, basé sur des nivellemens dans plusieurs di-
rections. »
Il est donc reconnu, d'un côté, que le dessèchement des marais ne
eut avoir aucune influence sur l'assèchement de la tourbière ;· et d'un
utre côté, que, pour l'exploiter convenablement, il faudrait écouler les
aux qui la submergent.
Ajoutons, pour faire apprécier toute l'exagération des calculs qu'on fait
ır cette tourbière, que, d'après ce même ingénieur, elle n'est habituel-
ment exploitée que par 1,000 personnes, tant hommes que femmes, dont
hacune extrait environ 200 milliers de mottes : le millier se vend 1 fr. 50 c.
'auteur d'une statistique du département, publiée en l'an 12, donne des
étails et des résultats semblables.

avantage, qu'il est même nuisible ; et ils demandent qu'on leu[r]
accorde l'entreprise.

Cette préférence leur est due, parce que, suivant eux, [la]
Compagnie n'a rien fait depuis l'ordonnance de 1817.

Cependant, depuis lors, ses ingénieurs et les ingénieurs d[u]
Roi n'ont pas quitté le terrain. Les appuremens exigés par l'or[-]
donnance ont été fournis ; les plans ont été vérifiés, les différen[s]
domaines désignés et débornés, les nivellemens pris, le systêm[e]
de travaux arrêté : les experts s'occupent du classement et d[e]
l'estimation des terrains. Dans cette dernière campagne, la Com[-]
pagnie a achevé plus d'une lieue de canaux sur l'étier de l[a]
taillée, et payé les indemnités convenues à l'amiable avec le[s]
propriétaires.

Cette préférence leur est due, parce que la Compagnie n'[a]
pas de moyens ; et la preuve en est dans une affiche, où 40[0]
journaux de marais ont été mis publiquement en vente, on n[e]
sait ni par qui ni à quelle époque. Mais quand ce serait par un[e]
des associés au dessèchement, qu'en conclure ? N'est-on pa[s]
libre de vendre l'intérêt qu'on a, et les bénéfices qu'on espère[r]
dans une entreprise ? Ces transactions, qui se renouvellent tous[ ]
les jours, ne sont-elles pas licites ? Décréditent-elles les Compa-
gnies ?....

Quels moyens ont donc les opposans ? Des moyens bien plus
puissans que ceux de la Compagnie.

Elle ne peut employer qu'une partie de la population des
journaliers volontaires qu'elle est obligée de payer.

Ils emploieront toute la population, forcément et sans la payer.

Ils feront faire le dessèchement par la Corvée ; ils deviendront
les maîtres de ceux dont ils se disent aujourd'hui les commis,
et traiteront leurs commettans en esclaves.

Conclusions
des mémoires.

C'est dans ces vues généreuses qu'ils demandent qu'on annulle
et qu'on regarde comme non-avenue l'ordonnance du 2 juillet
1817 ;

Qu'on leur donne la préférence du dessèchement, en offrant de dédommager de ses avances et loyaux-coûts la Compagnie, qui n'aurait aucun droit à des indemnités, si elle était sans droit à la chose, ainsi qu'ils le prétendent.

Toutefois, des conclusions aussi sévères et si peu motivées pouvant n'être pas admises, ils en prendront subsidiairement qui peuvent les conduire au même but par des voies moins apparentes et plus détournées.

Ce n'est pas qu'ils osent prétendre que l'arrêt de 1779 a été supposé, comme celui de 1704 a été soustrait *par une main inconnue, et sans que le ministre ait fait des recherches à cet égard*; ou bien que *les administrateurs soient les représentans de la Compagnie, qui n'existe plus, et qui a été dissoute en 1784.*

Cependant ils demanderont qu'on leur donne connaissance et communication de l'arrêt de 1779, et que la liste des associés, les conditions de l'association soient déposées au greffe du tribunal de Savenay.

Enfin, pour rendre leur agence plus fructueuse et plus efficace, ils demanderont que les communes soient autorisées à porter leurs réclamations devant les tribunaux, parce qu'ils supposent une question de propriété qui n'existe pas, et qui ne peut exister.

Et pour que le Gouvernement déclare implicitement que tout ce qu'il a approuvé et ordonné depuis 40 ans, est nul, et qu'il n'a employé que des agens sans lumières, sans intégrité, sans impartialité, ils le supplieront d'envoyer sur les lieux une commission *composée d'hommes éclairés, intègres et impartiaux.*

Non, l'ordonnance du 2 juillet 1817 ne sera point annullée et regardée comme non-avenue; elle est la conséquence légale et réfléchie de l'arrêt de 1779, qui subsiste dans toute sa force, et n'est pas plus contraire aux lettres-patentes de 1461 qu'à l'arrêt de 1784, ainsi que nous l'avons démontré.

3

Cet arrêt de 1779 n'a-t-il pas été enregistré, publié, af
fiché? Toutes ses dispositions ne sont-elles pas relatées dan
l'ordonnance de 1817, dont la publication est récente? Chaqu
génération peut-elle prétendre ignorer ce qui s'est fait par l
génération précédente, pour s'affranchir des obligations qu
lui sont transmises? Faudra-t-il, au caprice du premier venu
que le Gouvernement renouvelle les éditions de ses lois et l
publication de ses actes?

Faudra-t-il donc apprendre aux opposans que M. de Bra
l'afféagiste de 1771, le concessionaire de 1779, n'a pas ces
de défendre et de suivre son entreprise; que c'est lui qui s'o
posa à la demande de dessèchement que formait, en 1797, u
des principaux signataires de l'acte de notoriété, qui prétenda
alors que les marais étaient insalubres et improductifs; qu
c'est lui qui a opéré, dès que le retour de l'ordre l'a permi
le dessèchement du marais de la Roche, qui faisait partie c
son afféagement et de sa concession; que cet afféagemer
et cette concession sont devenus l'héritage de ses deux fil
MM. de Bray, dont l'un habite Amiens, où il fut long-tem
maire, l'autre est ministre plénipotentiaire de la Bavière pr
la Cour de Russie, et qu'ils ont des fondés de pouvoirs tant
Nantes qu'à Paris?

Ne peuvent-ils pas disposer de ce bien héréditaire comn
ils l'entendent, et sans en rendre compte, comme de tous leu
autres biens? Leur entreprise peut-elle être assimilée à u
société commerciale? Se sont-ils soumis à la juridiction des t
bunaux de commerce? et peut-on leur en appliquer le Cod
sans violence, et sans blesser les principes?

Eh! pour quelle raison autoriserait-on les communes
porter leurs réclamations devant les tribunaux? Ceux qui
sans mission, attaquent au nom des communes, prétender
ils qu'elles sont propriétaires des marais? L'arrêt du Cons
d'état du Roi a jugé le contraire.

Ne suffit-il pas de connaître le statut coutumier de la province et le droit universel de l'Europe, depuis les établissemens féodaux, pour savoir que les terres vaines et vagues qui faisaient autrefois partie du domaine de l'Etat, avaient été attribuées aux fiefs dominans; qu'ainsi, les marais de Donges ne pouvaient appartenir en propriété aux habitans ; que quand bien même ils en eussent été propriétaires, leurs droits seraient reglés par les traités que l'arrêt de 1779 homologue et généralise; qu'ainsi, depuis cet arrêt, les communes ne peuvent plus élever de questions de propriété ? c'est pourquoi elles ont déjà éprouvé une condamnation judiciaire au présidial de Nantes, en 1784.

Rien ne se terminerait, il n'y aurait rien de fixe, toute confiance et toute idée de sécurité seraient perdues, si les Conseils du Roi, cédant aux prétentions des esprits litigieux, revenaient sans cesse sur ce qui est fait, mettaient sans cesse en doute ce qui a été cent fois appuré, et en question ce qui a été jugé. Que peuvent apprendre de nouveaux commissaires? Combien de commissions ne faudra-t-il pas nommer, jusqu'à ce qu'il s'en trouve une qui adopte les préjugés et partage les passions des opposans? Et cet avis pourrait-il l'emporter sur les avis recueillis depuis 40 ans, donnés par tant d'hommes de l'art, tant de commissaires, tant d'administrateurs différens, tous favorables à l'entreprise ?

Que la Compagnie de Bray soit sans inquiétude; le Gouvernement sait apprécier la valeur et les motifs de toutes ces chicanes : sa sagesse et sa fermeté contraindront au silence les passions envieuses et jalouses, qui détruiraient jusqu'au germe des améliorations, si on leur laissait un libre cours. Il ne renversera pas la ruche, pour livrer aux frèlons qui l'assiégent, les dépouilles du travail et de la persevérance. Les opposans ne sont pas recevables.

Ceux qui défendent les roseaux des marais de Donges, et veulent faire passer des fonds tourbeux pour des tourbières, sont sans pouvoir et sans qualité, comme ceux qui, avec des certificats et au nom des communes, défendaient, contre les dessècheurs de la vallée de l'Authie, des prairies flottantes et des tourbières.

La Compagnie de Bray recevra la même justice et la même protection. Mais il ne suffit pas que les opposans soient déclarés non-recevables, il faut que leurs demandes soient jugées inadmissibles ; et elles le sont en effet.

L'arrêt de 1779 et l'ordonnance du 2 juillet 1817 ont établi les droits et les obligations de la Compagnie d'une manière irrévocable : ils n'est plus possible d'atténuer les uns et d'aggraver les autres.

De l'Imprimerie d'Ant. BAILLEUL, rue Ste.-Anne, N°. 71.

www.ingramcontent.com/pod-product-compliance
Lightning Source LLC
LaVergne TN
LVHW020414060726
842525LV00006B/2047